19×19
トクトク

ITハイテク産業におけるインド人技術者の活躍には目覚ましいものがあります。この背景として、数学的思考を重視するインドの初等教育があると私はみています。事実、インドでは数学が盛んであり、0（ゼロ）を発明したことでも有名ですが、小学生の段階で22×20までを暗記しています。この二桁かけ算は韓国やドイツでも初等教育に組み込まれるようになっており、中国でもすでに一部の地域で始まっています。

「日本人は頭がいい」と言われたのは昔のこと、数学的論理的思考能力は衰える一方であり、ビジネスのグローバル化が進むなか、さまざまな分野で日本は世界に水をあけられようとしています。日本の小学生はいまも九九どまり。そろそろ九九の壁を超えて、日本人みんながせめて19×19までは暗誦できるレベルに達したいものです。そうすれば、経済・文化すべての面でレベルが向上し、日本の未来は豊かで明るいものとなることでしょう。子供の頃に覚えた九九は何年たってもスラスラ出てきます。同様に19×19（トクトク）を覚えることは、将来につながります。そしてそれは単に算数計算や数学的思考のトレーニングにとどまらず、脳を活性化し、精神生活にも大きな癒しをもたらしてくれるでしょう。

さぁ、みんなでトクトクを始めましょう。

　　　　　　　　　　　　　　　　　医学博士　よこい　やすし

19×19
トクトク
よこいやすし×COO

19×19(トクトク)キャラクター

好奇心旺盛な勉強家。お金に弱い。好物は煮干し。ニワトリながら空も飛べ、忍者をめざし日々トレーニングに励む。

元数学教師のご隠居さん。ドヤを富豪に育てようと教育中。女性とギャンブル好きなのがたまにキズ。バイクでの世界一周を夢見る。

12 トリ　　**13 トミ**　　**14 トシ**　　**15 トコ**

ハイテクを駆使する50歳の資産家。骨董好き。女性には興味なし。勝負ごとにはめっぽう弱い。武士に強い憧れをもつ。

笑顔がかわいい小学校低学年の女の子。社交的でみんなに愛されている。動物好きでトリと大の仲良し。猫になった夢を時々見る。

> 日光浴が好きなドーム型の虫。性格はいたって穏やか。趣味は宝探し。勉強好きで勲章をもらうのが夢。くすぐったがり屋。

> やんちゃな小学校高学年の男の子。将棋が強いがミニ四駆で遊ぶほうが好き。ラーメン好きで札幌旅行を計画している。

16 ドム　　**17 ドナ**　　**18 ドヤ**　　**19 トク**

> 札幌出身の女子大生。演劇部に所属しているが本当は恥ずかしがり屋。いつもはドレッシーだが密かにミニスカートに憧れている。

> 徳の字がトレードマークの寒がり屋の見習い天使。閉所恐怖症で密室が大嫌い。魔法のステッキでみんなの願いや夢を叶えてくれる。

12 × **12** =
トリ　　　トリ

144
ピヨヨ

12 × **13** =
トリ　　トミ

12

156
イチコロ

12 × **14** =
トリ　　トシ

168
イロハ

12 × **15** =
トリ　　トコ

12

180
イワオー

12 × **16** =
トリ　　ドム

192
ドーケツ

12 × **17** =
トリ　　ドナ

204
ニボシ

12 × **18** =
トリ　　　ドヤ

216
フタイロ

12 × **19** =
トリ　　トク

228
ニニンジャ

12の段

12×12=144

トリトリピヨヨ

12×13=156

トリトミイチコロ

12×14=168

トリトシイロハ

12×15=180

トリトコイワオー

$12 \times 16 = 192$

トリドムドークツ

$12 \times 17 = 204$

トリドナニボシ

$12 \times 18 = 216$

トリドヤフタイロ

$12 \times 19 = 228$

トリトクニニンジャ

13　×　**13**　=
トミ　　　トミ

169
トーロク

13 × **14** =
トミ　　トシ

182
イッパツ

13 × **15** =
トミ   トコ

195
ドキンコ

13 × **16** =
トミ　　　ドム

208
ツボヤ

13 × **17** =
トミ　　　ドナ

221
ニブイ

13 × **18** =
トミ　　　ドヤ

234
ツミヨ

13 × **19** =
トミ　　　トク

247
ブシナリ

13の段

$13×12=156$

トミトリイチコロ

$13×13=169$

トミトミトーロク

$13×14=182$

トミトシイッパツ

$13×15=195$

トミトコドキンコ

19×19で脳を活性化

P94からの問題集の語呂を隠すのに利用できます。

=208

ボヤ

13×17=221

トミドナニブイ

234

トミドヤツミヨ

13×19=247

トミトクブシナリ

14 × **14** =
トシ　　トシ

14

196
トックム

14 × 15 =
トシ　　　トコ

14

210
ニイボン

14 × **16** =
トシ　　　ドム

14

224
ニニンガシ

14
トシ

×

17
ドナ

=

14

238
フミヤ

14 × **18** =
トシ　　ドヤ

252
フゴーニ

14 × 19 =
トシ　　トク

266
ブロロ

14の段

$14 \times 12 = 168$

トシトリイロハ

$14 \times 13 = 182$

トシトミイッパツ

$14 \times 14 = 196$

トシトシトックム

$14 \times 15 = 210$

トシトコニイボン

$14 \times 16 = 224$

トシドムニニンガシ

$14 \times 17 = 238$

トシドナフミヤ

$14 \times 18 = 252$

トシドヤフゴーニ

$14 \times 19 = 266$

トシトクブロロ

15 × **15** =
トコ　　　トコ

225
ツヅコー

15 × **16** =
トコ　　　ドム

240
ツーシンボ

15 × **17** =
トコ　　　ドナ

15

255
ニコッコ

15 × **18** =
トコ　　　ドヤ

15

270
フナレ

15 × **19** =
トコ　　　トク

285
ニャンコ

15の段

15×12=180
トコトリイワオー

15×13=195
トコトミドキンコ

15×14=210
トコトシニイボン

15×15=225
トコトコツヅコー

$15×16=240$

トコドムツーシンボ

$15×17=255$

トコドナニコッコ

$15×18=270$

トコドヤフナレ

$15×19=285$

トコトクニャンコ

16
ドム
×
16
ドム
=

256
ニッコーヨク

16 × **17** =
ドム　　　ドナ

272
ツナニ

16 × **18** =
ドム　　ドヤ

288
ニャハハ

16 × **19** =
ドム　　トク

304
ミツボシ

16の段

$16 \times 12 = 192$

ドムトリドークツ

$16 \times 13 = 208$

ドムトミツボヤ

$16 \times 14 = 224$

ドムトシニニンガシ

$16 \times 15 = 240$

ドムトコツーシンボ

$16 \times 16 = 256$

ドムドムニッコーヨク

$16 \times 17 = 272$

ドムドナツナニ

$16 \times 18 = 288$

ドムドヤニャハハ

$16 \times 19 = 304$

ドムトクミツボシ

17
ドナ

×

17
ドナ

=

289
フタヤク

17
ドナ

×

18
ドヤ

=

306
サッポロ

17 × **19** =
ドナ　　トク

# 323
ミニサ

17の段

17×12=204
ドナトリニボシ

17×13=221
ドナトミニブイ

17×14=238
ドナトシフミヤ

17×15=255
ドナトコニコッコ

$17 \times 16 = 272$

ドナドムツナニ

$17 \times 17 = 289$

ドナドナフタヤク

$17 \times 18 = 306$

ドナドヤサッポロ

$17 \times 19 = 323$

ドナトクミニサ

$18 \times 18 =$
ドヤ　　ドヤ

324
ミニヨン

18 × **19** =
ドヤ　　トク

342
ミッシツ

18の段

$18 \times 12 = 216$

ドヤトリフタイロ

$18 \times 13 = 234$

ドヤトミツミヨ

$18 \times 14 = 252$

ドヤトシフゴーニ

$18 \times 15 = 270$

ドヤトコフナレ

$18 \times 16 = 288$

ドヤドムニャハハ

$18 \times 17 = 306$

ドヤドナサッポロ

$18 \times 18 = 324$

ドヤドヤミニヨン

$18 \times 19 = 342$

ドヤトクミッシツ

19 × **19** =
トク　　　トク

361
サムイ

19の段

$19 \times 12 = 228$

トクトリニニンジャ

$19 \times 13 = 247$

トクトミブシナリ

$19 \times 14 = 266$

トクトシブロロ

$19 \times 15 = 285$

トクトコニャンコ

$19 \times 16 = 304$

トクドムミツボシ

$19 \times 17 = 323$

トクドナミニサ

$19 \times 18 = 342$

トクドヤミッシツ

$19 \times 19 = 361$

トクトクサムイ

練習問題

下線の語呂をヒントに問題を解いてみましょう。馴れてきたらしおりで語呂を隠して再挑戦！
解答は102ページにあります。

1) $15 \times 18 = \square$　トコ ドヤ フナレ

2) $13 \times 19 = \square$　トミ トク ブシナリ

3) $13 \times 17 = \square$　トミ ドナ ニブイ

4) $17 \times 17 = \square$　ドナ ドナ フタヤク

5) $12 \times 14 = \square$　トリ トシ イロハ

6) $16 \times 19 = \square$　ドム トク ミツボシ

7) $14 \times 15 = \square$　トシ トコ ニイボン

8) $18 \times 18 = \square$　ドヤ ドヤ ミニヨン

9) **12×12**＝ ☐ トリトリ ピヨヨ

10) **16×18**＝ ☐ ドム ドヤ ニャハハ

11) **19×19**＝ ☐ トクトク サムイ

12) **13×14**＝ ☐ トミ トシ イッパツ

13) **12×13**＝ ☐ トリトミ イチコロ

14) **16×16**＝ ☐ ドム ドム ニッコーヨク

15) **12×19**＝ ☐ トリ トク ニニンジャ

16) **12×15**＝ ☐ トリ トコ イワオー

練習問題

下線の語呂をヒントに問題を解いてみましょう。馴れてきたらしおりで語呂を隠して再挑戦！
解答は102ページにあります。

17) $\square \times 16 = 192$　<u>トリ</u>ドム ドークツ

18) $12 \times \square = 144$　トリ<u>トリ</u> ピヨヨ

19) $17 \times \square = 323$　ドナ<u>トク</u> ミニサ

20) $\square \times 16 = 224$　<u>トシ</u>ドム ニニンガシ

21) $\square \times 19 = 266$　<u>トシ</u>トク ブロロ

22) $15 \times \square = 225$　トコ<u>トコ</u> ツヅコー

23) $\square \times 13 = 169$　<u>トミ</u>トミ トーロク

24) $14 \times \square = 252$　トシ<u>ドヤ</u> フゴーニ

25) $12 \times \square = 204$ トリ <u>ドナ</u> ニボシ

26) $\square \times 17 = 238$ <u>トシ</u> ドナ フミヤ

27) $12 \times \square = 216$ トリ <u>ドヤ</u> フタイロ

28) $13 \times \square = 195$ トミ <u>トコ</u> ドキンコ

29) $17 \times \square = 306$ ドナ <u>ドヤ</u> サッポロ

30) $\square \times 16 = 208$ <u>トミ</u> ドム ツボヤ

31) $\square \times 17 = 255$ <u>トコ</u> ドナ ニコッコ

32) $18 \times \square = 342$ ドヤ <u>トク</u> ミッシツ

練習問題

下線の語呂をヒントに問題を解いてみましょう。馴れてきたらしおりで語呂を隠して再挑戦！
解答は102ページにあります。

33) ☐ × ☐ = 234　<u>ドヤ</u> <u>トミ</u> ツミヨ

34) ☐ × ☐ = 196　<u>トシ</u> <u>トシ</u> トックム

35) ☐ × ☐ = 304　<u>トク</u> <u>ドム</u> ミツボシ

36) ☐ × ☐ = 168　<u>トシ</u> <u>トリ</u> イロハ

37) ☐ × ☐ = 240　<u>トコ</u> <u>ドム</u> ツーシンボ

38) ☐ × ☐ = 228　<u>トリ</u> <u>トク</u> ニニンジャ

39) ☐ × ☐ = 208　<u>トミ</u> <u>ドム</u> ツボヤ

40) ☐ × ☐ = 306　<u>ドヤ</u> <u>ドナ</u> サッポロ

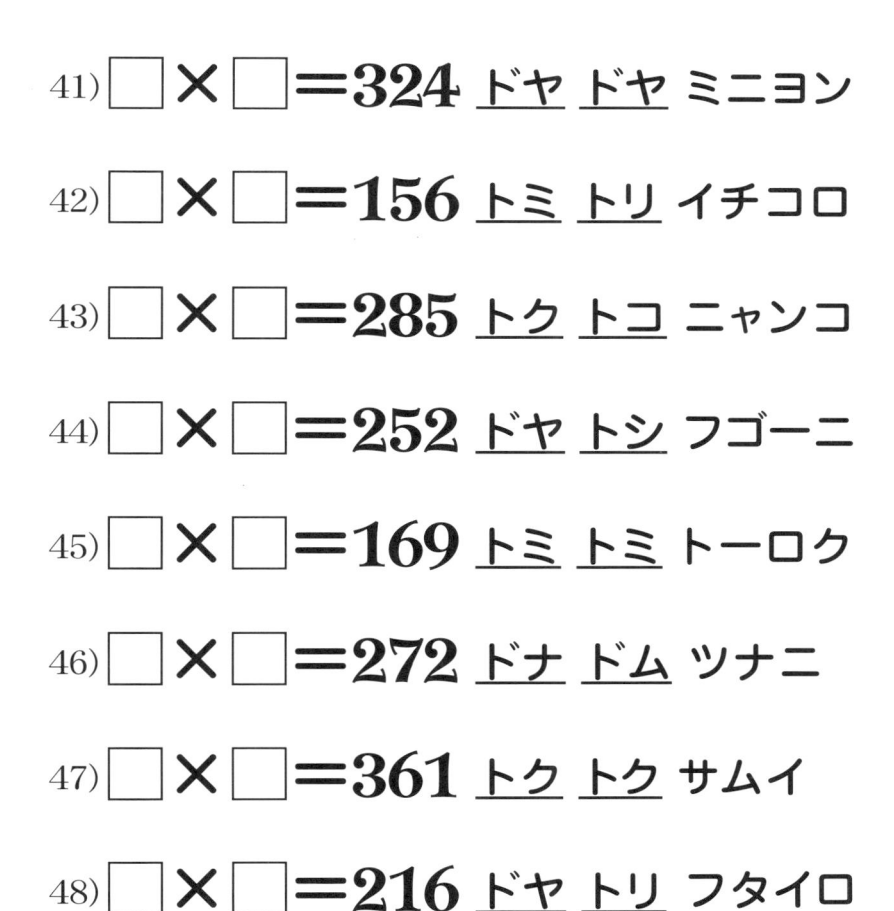

41) ☐ × ☐ = **324** <u>ドヤ</u> <u>ドヤ</u> ミニヨン

42) ☐ × ☐ = **156** <u>トミ</u> <u>トリ</u> イチコロ

43) ☐ × ☐ = **285** <u>トク</u> <u>トコ</u> ニャンコ

44) ☐ × ☐ = **252** <u>ドヤ</u> <u>トシ</u> フゴーニ

45) ☐ × ☐ = **169** <u>トミ</u> <u>トミ</u> トーロク

46) ☐ × ☐ = **272** <u>ドナ</u> <u>ドム</u> ツナニ

47) ☐ × ☐ = **361** <u>トク</u> <u>トク</u> サムイ

48) ☐ × ☐ = **216** <u>ドヤ</u> <u>トリ</u> フタイロ

練習問題

下線の語呂をヒントに問題を解いてみましょう。馴れてきたらしおりで語呂を隠して再挑戦！
解答は102ページにあります。

49) $16 \times \square = 256$　ドム　ドム　ニッコーヨク

50) $12 \times 15 = \square$　トリ　トコ　イワオー

51) $\square \times \square = 195$　トミ　トコ　ドキンコ

52) $14 \times \square = 224$　トシ　ドム　ニニンガシ

53) $15 \times 19 = \square$　トコ　トク　ニャンコ

54) $\square \times 17 = 289$　ドナ　ドナ　フタヤク

55) $\square \times \square = 182$　トミ　トシ　イッパツ

56) $18 \times \square = 270$　ドヤ　トコ　フナレ

57) ☐ × ☐ = **192** トリ ドム ドークツ

58) ☐ × **14** = **196** トシ トシ トックム

59) **17 × 13** = ☐ ドナ トミ ニブイ

60) **15 ×** ☐ = **255** トコ ドナ ニコッコ

61) **19 × 18** = ☐ トク ドヤ ミッシツ

62) ☐ × ☐ = **225** トコ トコ ツヅコー

63) **16 ×** ☐ = **288** ドム ドヤ ニャハハ

64) **17 × 12** = ☐ ドナ トリ ニボシ

解答

P94	1) 270	2) 247	3) 221	4) 289
	5) 168	6) 304	7) 210	8) 324
P95	9) 144	10) 288	11) 361	12) 182
	13) 156	14) 256	15) 228	16) 180
P96	17) 12	18) 12	19) 19	20) 14
	21) 14	22) 15	23) 13	24) 18
P97	25) 17	26) 14	27) 18	28) 15
	29) 18	30) 13	31) 15	32) 19
P98	33) 18,13	34) 14,14	35) 19,16	36) 14,12
	37) 15,16	38) 12,19	39) 13,16	40) 18,17
P99	41) 18,18	42) 13,12	43) 19,15	44) 18,14
	45) 13,13	46) 17,16	47) 19,19	48) 18,12
P100	49) 16	50) 180	51) 13,15	52) 16
	53) 285	54) 17	55) 13,14	56) 15
P101	57) 12,16	58) 14	59) 221	60) 17
	61) 342	62) 15,15	63) 18	64) 204

著者 よこいやすし

1956年金沢市生まれ。両親とその兄弟ことごとく医者という家に生まれ、生後まもなく往診の母に背負われて患者の家々を巡回していたという生まれながらのドクター。小中高と数学の成績抜群でそのまま一直線に80年東京大学医学部を卒業。総合病院の勤務医を経て現在、藤沢にある「鵠沼クリニック」院長。早くからインドなどIT先進国の算数教育、とくに二桁かけ算の暗記に着目、日本でもこれを普及させたいと、暗記のための"数ことば"の創造にチャレンジ。試行錯誤の末、日本語の美しいひびきを大切にした、子供にも大人にも親しめる「トクトク」を完成させた。「これを暗誦することで、数字の世界が飛躍的に広がり、右脳の活性化にもつながる。子供はもちろんビジネスマンや主婦、そして高齢者にもぜひ覚えてほしい」。湘南の町医者として在宅医療に熱心に取り組み、地域の禁煙運動のリーダーとしても活躍している。医学博士。

19×19 トクトク

2018年4月24日　第3刷発行

著　者	よこいやすし
発行人	横井容子
発行所	株式会社ワイプラス
	〒251-0032 神奈川県藤沢市片瀬375-6-304
	TEL/FAX 0466-52-6881
発売元	株式会社四海書房
	〒153-0061 東京都目黒区中目黒2-8-7-303
	TEL 03-5794-4771　FAX 03-5794-4772
印刷所	株式会社平河工業社

乱丁・落丁本は発売元でお取り替えします。
定価はカバー裏に表示してあります。
ISBN4-903024-03-2 C0041